Doná, J.P

Os Óvnis Do Brasil
volume dois, J.P Doná, 2012.

52 paginas
J.P Doná
1. Ufologia
Arte da capa: J.P Doná

Fonte: diversas relacionadas ao fim
Texto: diversos relacionados ao fim

@ Copyright by J.P Doná.
Todos os direitos reservados

NOTA DO AUTOR:

Este livro é um compêndio abrangente dos casos mais notórios e intrigantes da ufologia no Brasil. Baseado em uma extensa pesquisa, que inclui a análise de estudos e documentos de diversas fontes, a obra reflete o conhecimento adquirido através de uma combinação de investigações pessoais e consultas a renomados escritores, autores, reportagens e internautas especializados em fenômenos ufológicos.

A intenção primordial deste trabalho é compartilhar meu profundo interesse e crença na possibilidade de vida extraterrestre, seja ela inteligente ou não, e promover o debate e o entendimento sobre o tema. Além disso, este livro busca incentivar a leitura e a valorização da cultura ufológica no Brasil, oferecendo uma visão detalhada e enriquecedora sobre os mistérios do cosmos. Ao divulgar teorias e aspectos variados da ufologia, espero contribuir para a expansão do conhecimento e estimular a curiosidade dos leitores sobre o vasto e enigmático universo que nos cerca.

Com uma sincera dedicação à divulgação científica e cultural, esta obra pretende ser uma fonte de inspiração e reflexão, ajudando a ampliar a compreensão dos fenômenos ufológicos e a despertar o interesse pela exploração das possibilidades que existem além dos limites conhecidos da nossa realidade.

ÍNDICE:

Caso Baependi
Caso Westendorff
Caso Crixás
Caso Mantell (Bonus)
Análise dos Casos de Contato com UFOs

CASO 8

CASO BAEPENDI

Em 1971, na cidade de Três Corações, Minas Gerais, um agricultor chamado Arlindo Gabriel dos Santos, com pouca escolaridade, saiu para caçar tatu em companhia de dois amigos. Durante a caçada, a cerca de seis quilômetros da sede de sua fazenda, o grupo decidiu se separar, cada um seguindo um caminho distinto. Pouco tempo depois, Arlindo avistou um objeto peculiar descendo ao solo. O objeto, que tinha formato cilíndrico, media aproximadamente 50 centímetros de largura por 1,5 metros de comprimento. Sua base era circular e escura, com uma esfera nas cores branca e vermelha na parte superior. Intrigado, Arlindo, que levava uma câmera fotográfica embrulhada em um embornal de pano, aproveitou a oportunidade para capturar uma foto antes

que o objeto desaparecesse misteriosamente.
Logo em seguida, um segundo objeto com formato ovoide, equipado com uma haste na parte inferior e uma hélice na parte superior, apareceu no local. Arlindo registrou uma nova fotografia, mas o objeto rapidamente se transformou em uma névoa e desapareceu.
Enquanto continuava seu caminho, um terceiro objeto surgiu, desta vez com a forma de um barril listrado em branco e vermelho e, assim como os anteriores, também dotado de uma hélice na parte superior. Arlindo mais uma vez fotografou o objeto, que logo desapareceu sem deixar rastros.
Determinando a investigar mais de perto, Arlindo caminhou cerca de dez metros na direção do último avistamento, quando foi surpreendido por um grande OVNI em forma de ovo, todo branco e com um ruído semelhante ao de um motor de carro. A nave, que media cerca

de dez metros de diâmetro e oito metros de altura, desceu à sua frente, a apenas um metro de distância. Antes de tocar o solo, a nave estendeu quatro hastes como trem de pouso. Arlindo tentou tirar uma foto, mas o OVNI emitiu um feixe de luz que causou dor em seus olhos, obrigando-o a largar seus pertences e correr em pânico.
Sem conseguir ir muito longe, Arlindo foi atingido por um tipo de relâmpago disparado pela nave, que o paralisou completamente. Olhando para trás, ele avistou dois seres alienígenas com aparência humana, vestidos com trajes que cobriam todo o corpo, incluindo capacetes com vidros transparentes na frente. Os alienígenas se aproximaram, um de cada lado de Arlindo, e, apesar de sua súplica para ser solto, um dos seres respondeu em português, aparentemente através de um dispositivo acoplado ao capacete: "Em nome

de Deus, nós todos somos irmãos". O outro alienígena acrescentou que não fariam mal e apenas desejavam obter informações.
Os alienígenas conduziram Arlindo para dentro do OVNI, onde ele encontrou mais três seres, incluindo uma figura feminina. Arlindo notou que a temperatura dentro da nave era consideravelmente mais fria e havia um cheiro que ele associou a poeira. Dentro do UFO, Arlindo observou dois alienígenas sentados, parecendo operar dispositivos que lembravam máquinas de escrever. Uma das alienígenas, que não usava capacete, começou a explicar detalhes sobre sua civilização e tecnologia, mas Arlindo, devido às suas limitações culturais, não compreendeu as informações. Após esse contato, Arlindo foi levado de volta à saída da nave, e os alienígenas o

O Caso Baependi (1971): Um Encontro Extraterrestre Inusitado em Minas Gerais

Em 1971, na pacata cidade de Três Corações, Minas Gerais, Arlindo Gabriel dos Santos, um agricultor semianalfabetizado, vivenciou uma experiência que mudaria sua vida para sempre. O dia parecia ser comum, com Arlindo saindo para caçar tatu, acompanhado por dois amigos. Eles decidiram se separar, cada um seguindo um caminho distinto, na esperança de aumentar suas chances de sucesso na caçada.

Caminhando sozinho a cerca de seis quilômetros de sua fazenda, Arlindo avistou algo que o intrigou profundamente: um objeto peculiar desceu suavemente ao chão. Curioso, ele se aproximou, observando atentamente o estranho artefato. A descrição que ele deu era fascinante: um objeto cilíndrico, medindo cerca de 50 centímetros de largura e 1,5 metros de comprimento, com uma

base circular escura e uma esfera branca e vermelha no topo. Felizmente, Arlindo carregava consigo uma câmera fotográfica, envolta em um embornal de pano, o que lhe permitiu capturar uma imagem do objeto antes que ele desaparecesse misteriosamente. Pouco tempo depois, um segundo objeto, desta vez com um formato ovoide e uma haste na parte inferior, desceu do céu. A haste, semelhante a uma espada, sustentava na parte superior algo que parecia ser uma hélice. Arlindo tirou mais uma foto, mas logo o objeto começou a emitir um som estranho e se transformou em uma névoa, que rapidamente desapareceu.
Arlindo continuou sua caminhada, ainda intrigado com os eventos que acabara de presenciar, quando um terceiro objeto desceu dos céus. Este tinha a forma de um barril, medindo cerca de um metro de altura, e era listrado nas

cores branco e vermelho. Sem hesitar, ele fotografou o misterioso aparelho, que, tal como os anteriores, desapareceu sem deixar rastro.

Decidido a entender o que estava acontecendo, Arlindo caminhou cerca de dez metros em direção ao local onde o último objeto havia sumido. Nesse momento, um grande OVNI, em forma de ovo e completamente branco, pousou a apenas um metro de distância dele. O objeto, com cerca de dez metros de diâmetro e oito metros de altura, emitiu um som similar ao de um motor de carro engasgado. Arlindo tentou fotografar a nave, mas ela emitiu um feixe de luz intensa que causou uma dor aguda em seus olhos. Assustado, ele largou suas coisas no chão e correu, mas não conseguiu se distanciar muito antes de ser atingido por um relâmpago que o paralisou completamente.

Incapaz de se mover, Arlindo virou a cabeça e viu dois seres

humanoides se aproximando. Os alienígenas, semelhantes a humanos, vestiam roupas que cobriam todo o corpo, com capacetes justos que deixavam visíveis apenas seus rostos através de vidros transparentes. Eles também usavam luvas. Um dos seres se posicionou ao lado direito de Arlindo, enquanto o outro ficou à sua esquerda. Desesperado, Arlindo suplicou por sua liberdade, ao que um dos alienígenas respondeu, movendo os lábios: "Em nome de Deus, nós todos somos irmãos". Curiosamente, a voz parecia sair de uma caixa pendurada nas costas do alienígena, conectada ao capacete por um tubo. O outro ser completou: "Não fazemos mal a ninguém, apenas queremos uma informação".
Os alienígenas conduziram Arlindo até o OVNI. Quando chegaram à entrada, ele notou uma porta com uma escada de quatro degraus e outro alienígena parado, esperando

por eles. Este terceiro ser perguntou se Arlindo havia visto uma "surca" nas proximidades, ao que Arlindo respondeu negativamente e perguntou o que seria uma "surca". O alienígena explicou que era um aparelho que eles haviam transmitido para a Terra.

Dentro da nave, Arlindo notou que a temperatura era significativamente mais fria, como se houvesse um sistema de ar condicionado. Além dos três seres que o capturaram, havia mais três alienígenas dentro da nave, incluindo uma fêmea. A moça, loira e de rosto rosado, não usava capacete e portava um dispositivo no ouvido que Arlindo comparou a um "ouvidor de telefone".

A alienígena conduziu Arlindo a um outro compartimento da nave, onde havia um aparelho semelhante a uma geladeira. Ela usou uma espécie de varinha para apontar para objetos que apareciam em um monitor, enquanto outro ser manipulava os controles. Segundo Arlindo, a criatura feminina tentou explicar sobre sua civilização e a tecnologia que usavam para vencer as vastas distâncias espaciais, mas ele não conseguiu compreender as informações devido a suas limitações culturais.

Após esse estranho intercâmbio, Arlindo foi levado de volta ao cômodo anterior, onde um dos alienígenas havia removido o capacete, revelando uma face bastante similar à humana, exceto por uma testa ligeiramente diferente e lábios muito finos. As criaturas então disseram a Arlindo: "Nós somos da mesma matéria, do mesmo sangue e vivemos o mesmo trabalho". Antes de libertá-lo, avisaram: "Proteja a vista, que o aparelho condena a vista".

De volta ao local de seu encontro com os alienígenas, Arlindo caminhou até encontrar seus amigos. Ele estava enjoado e sentindo tonturas, efeitos que perduraram por algum tempo. Suas coisas, deixadas no chão durante o contato, haviam desaparecido, mas ele encontrou marcas no solo, deixadas pelo trem de pouso da nave.

A notícia de sua experiência rapidamente se espalhou pela cidade de Baependi e, inevitavelmente, chegou à imprensa, que sensacionalizou o caso. O ufólogo Ubirajara Franco Rodrigues logo se interessou pelo incidente e, junto com Arlindo, foi ao local do contato, onde fez moldes de gesso das marcas deixadas pelo OVNI e encontrou o embornal de Arlindo. O embornal, que originalmente era liso, estava coberto por estranhas figuras, que pareciam uma escrita antiga, posteriormente identificada como hebraico arcaico, semelhante aos textos dos Pergaminhos do Mar Morto. Infelizmente, as fotografias tiradas por Arlindo não capturaram as sondas que ele viu. A câmera foi gravemente danificada, com a chapa interna queimada e coberta de fuligem, possivelmente devido ao feixe de luz emitido pelo OVNI. No entanto, o mistério maior residia nas inscrições encontradas no embornal, que, segundo as traduções, continham mensagens enigmáticas e proféticas, deixando mais perguntas do que respostas sobre o encontro de Arlindo com os alienígenas.

O Caso Baependi permanece como um dos incidentes ufológicos mais intrigantes do Brasil, cercado de mistérios que, até hoje, desafiam explicações racionais e científicas.

ESMIUÇANDO MAIS DETALHES DO CASO:

Desenhos Misteriosos no Embornal: As inscrições misteriosas encontradas no embornal de Arlindo, após o contato com os alienígenas, tornaram-se um foco de estudo. O ufólogo Ubirajara Rodrigues, ao investigar o caso, ficou perplexo ao perceber que as inscrições pareciam ser algo como uma "escrita cuneiforme", uma forma de escrita antiga associada a civilizações da Mesopotâmia. Outras interpretações, como o hebraico arcaico, foram sugeridas, mas nenhuma tradução definitiva foi aceita por especialistas.

Reações Físicas de Arlindo: Arlindo relatou ter sofrido efeitos físicos logo após o contato. Ele experimentou tonturas, enjoo e um mal-estar generalizado, sintomas que duraram dias. Além disso, houve relatos de uma leve queimadura nos olhos, provavelmente causada pelo feixe de luz intensa emitido pela nave. Alguns pesquisadores associaram esses sintomas a uma possível exposição à radiação, um fenômeno comum em relatos de encontros próximos com OVNIs.

O Perfil Psicológico de Arlindo: Ubirajara Rodrigues, após investigar o caso, fez questão de observar o perfil de Arlindo. O ufólogo apontou que, apesar de sua baixa escolaridade e vida simples, o agricultor não tinha antecedentes de comportamento fantasioso ou mentiroso. Ele era conhecido por ser uma pessoa de poucas palavras e discreta. Isso aumentou a credibilidade do relato, pois dificilmente alguém com esse perfil inventaria uma história tão complexa.

As Marcas no Solo: No local onde Arlindo relatou o pouso do grande OVNI, os investigadores encontraram quatro marcas distintas no solo, que pareciam ter sido feitas pelo trem de pouso da nave descrita. Moldes de gesso foram feitos para preservar as evidências, e as marcas continuaram sendo um dos elementos mais intrigantes do caso, pois coincidiam com os relatos de pouso de OVNIs em outras partes do mundo.

O Comportamento dos Alienígenas: O comportamento dos alienígenas, conforme descrito por Arlindo, foi considerado incomum quando comparado a outros relatos de encontros extraterrestres. Os seres pareciam ter uma certa gentileza e respeito, especialmente ao mencionar que "todos somos irmãos". Isso contrastava com relatos mais comuns de abduções em que os alienígenas demonstravam frieza e indiferença em relação aos humanos.

Interesse dos Ufólogos Internacionais: O Caso Baependi chamou a atenção de pesquisadores de OVNIs fora do Brasil. Investigadores de outros países, especialmente dos Estados Unidos e da França, passaram a acompanhar o desenvolvimento do caso. A presença das marcas físicas no solo, as reações físicas de Arlindo e as fotografias não reveladas intrigaram até mesmo os mais céticos, que procuraram por explicações naturais para o incidente.

Análise das Fotos: Embora as fotos tiradas por Arlindo não tenham capturado claramente os objetos que ele viu, os danos à câmera, especialmente a chapa queimada, foram considerados uma evidência física importante. A câmera foi examinada por especialistas, que constataram que os danos não poderiam ter sido causados por uso comum ou mau funcionamento do equipamento. Isso gerou especulações sobre o impacto do feixe de luz emitido pelo OVNI.

Possíveis Explicações Culturais e Religiosas: Alguns estudiosos do folclore brasileiro sugeriram que o incidente de Baependi poderia estar ligado a antigos mitos locais sobre encontros com seres celestiais ou entidades divinas. O fato dos alienígenas mencionarem Deus e falarem em "irmandade" poderia ser uma tentativa de adaptação às crenças religiosas de Arlindo, o que sugere que os extraterrestres poderiam ter um conhecimento prévio da cultura

humana ou utilizarem essas referências para evitar pânico.
Dúvidas Não Resolvidas: Apesar da profundidade da investigação, algumas questões permaneceram sem respostas conclusivas:
Qual era o propósito da "surca"? Os alienígenas perguntaram a Arlindo se ele havia encontrado esse objeto misterioso. No entanto, não ficou claro o que exatamente seria a surca e qual sua importância.
O que ocorreu durante o tempo em que Arlindo esteve inconsciente? Arlindo relatou estar paralisado por um relâmpago, mas não há clareza se ele perdeu completamente a consciência ou se houve um tempo em branco em sua memória, o que é comum em relatos de abduções.
A verdadeira natureza das inscrições: Embora as inscrições no embornal tenham sido identificadas como hebraico arcaico por alguns, a

sua origem e significado permanecem um enigma. Qual seria a mensagem deixada pelos alienígenas?

Conclusão Inconclusiva:
O Caso Baependi é um dos relatos ufológicos mais ricos em detalhes no Brasil, apresentando não apenas o contato visual com naves e seres extraterrestres, mas também uma série de evidências físicas e sintomas relatados pela testemunha. Apesar de décadas de investigação, o caso permanece cercado de mistério, com muitas perguntas não respondidas, tornando-se uma peça importante do folclore ufológico brasileiro.

CASO 9
CASO WESTENDORFF

O Caso Westendorff é um dos episódios ufológicos mais fascinantes do Brasil, não apenas pela experiência vivida pelo piloto Haroldo

Westendorff, mas também pela riqueza dos detalhes e pela seriedade com que o incidente foi tratado pelas autoridades.

Introdução ao Caso

O cenário do avistamento é a Lagoa dos Patos, no Rio Grande do Sul, uma região de vasta extensão, que abrange uma área de 10.000 km², cercada por uma rica fauna e flora, e, ocasionalmente, palco de mistérios que desafiam a explicação racional. Em 5 de outubro de 1996, por volta das 10h15 da manhã, Haroldo Westendorff, um empresário e piloto experiente, partiu do aeroporto de Pelotas em seu avião monomotor Tupi para um voo de lazer, sem imaginar que se depararia com um dos mais impressionantes avistamentos de OVNIs já registrados no Brasil.

O Encontro Inesperado

Ao sobrevoar a ilha de Sarangonha, na Lagoa dos Patos, Westendorff avistou um objeto gigantesco e incomum no céu. O empresário, que possuía mais de

20 anos de experiência como piloto, descreveu o objeto como um colosso aéreo que, à primeira vista, parecia desafiar todas as leis da física conhecidas. Com um diâmetro estimado de 100 metros e altura entre 50 e 60 metros, o objeto tinha uma forma cônica, mas com os vértices arredondados, algo nunca visto antes por Westendorff.
O susto inicial foi tanto que até a gagueira, que havia superado na infância, voltou a se manifestar. No entanto, ele conseguiu manter a calma e se aproximar do objeto, mantendo seu monomotor a uma distância segura, mas suficientemente próxima para observar os detalhes. Por cerca de 12 minutos, ele circulou ao redor da nave, a uma distância de aproximadamente 100 metros. Descreveu que a parte inferior da nave era completamente lisa, feita de um material que se assemelhava a metal, com oito vértices que exibiam saliências

em forma de bolhas. A nave girava lentamente em torno de si mesma, enquanto se deslocava suavemente em direção ao mar.

A Comunidade Aérea Mobilizada
Durante o voo ao redor da nave, Westendorff tentou manter contato com a sala de controle da Empresa Brasileira de Infraestrutura Aeroportuária (Infraero), no aeroporto de Pelotas. Usando o rádio do avião, ele reportou o avistamento ao operador Airton Mendes da Silva, que, ao olhar na direção indicada, também avistou o objeto. "Olhei para fora e vi no horizonte um objeto em forma de triângulo acinzentado, com as bordas arredondadas", relatou Mendes da Silva, confirmando o avistamento. Outros dois auxiliares de serviços portuários, Gilberto Martins dos Santos e Jorge Renato S. Dutra, também testemunharam o objeto, reforçando a veracidade do relato.

Além disso, Westendorff conseguiu contato com o Centro Integrado de Defesa Aérea e Controle de Tráfego Aéreo (Cindacta II), em Curitiba, que monitorava os céus do Sul do Brasil. Apesar do avistamento do monomotor de Westendorff, os operadores do Cindacta não detectaram nenhum objeto não identificado nos radares, o que adiciona mais um elemento de mistério ao caso.

O Desfecho do Avistamento

A situação se tornou ainda mais surreal quando, de repente, a parte superior da nave se abriu, revelando um segundo objeto, menor, que saiu da nave-mãe em uma velocidade impressionante. Este objeto, descrito como um disco voador, se inclinou em um ângulo de 45 graus antes de disparar para o alto, desaparecendo quase instantaneamente no céu. Este evento fez com que Westendorff se afastasse rapidamente da nave-mãe, mas o que aconteceu em seguida foi igualmente extraordinário: o objeto maior começou a subir em linha reta, em uma velocidade espantosa, sem gerar ruído, vento ou qualquer tipo de turbulência no ar, sumindo no horizonte em questão de segundos.

Investigação e Consequências

O avistamento chamou a atenção não apenas da comunidade ufológica, mas também das autoridades brasileiras. O Ministério da Aeronáutica, que mantém uma postura tradicionalmente reservada em relação a fenômenos ufológicos, iniciou uma investigação sigilosa sobre o caso. Um sargento da Base Aérea de Canoas foi enviado a Pelotas para colher depoimentos de Westendorff e dos funcionários da Infraero que também testemunharam o evento. O sargento, que pediu para não ser identificado, passou uma tarde no aeroclube de Pelotas, ouvindo os relatos e criando um "desenho falado" de todo o episódio, um procedimento usado para tentar visualizar a sequência dos acontecimentos com maior precisão.

Apesar da seriedade da investigação, nenhum relatório oficial foi divulgado ao público, o que é comum em casos relacionados a OVNIs, onde o sigilo é frequentemente mantido sob a justificativa de segurança nacional.

Reflexões e Interpretações

O Caso Westendorff se destaca por vários motivos. Primeiro, pela credibilidade da testemunha principal, Haroldo Westendorff, um piloto com vasta experiência e uma reputação sólida. Segundo, pela clareza e riqueza dos detalhes fornecidos, que permitiram uma descrição minuciosa do objeto e de sua interação com o monomotor. Terceiro, pelo envolvimento de múltiplas testemunhas e a confirmação visual por parte de funcionários da Infraero, o que confere ao caso uma legitimidade difícil de ser contestada.

O episódio levanta várias perguntas que permanecem sem resposta. O que exatamente Westendorff viu naquele dia? Seria possível que ele tivesse se deparado com uma nave de origem extraterrestre? Se sim, qual seria o propósito desse encontro? E por que o objeto não foi detectado pelos radares do Cindacta, mesmo sendo avistado por várias pessoas no solo?

Além disso, a ausência de ruídos, vento ou qualquer efeito físico durante a subida do objeto desafia o conhecimento atual sobre propulsão e aerodinâmica, sugerindo que, se realmente se tratava de uma nave, ela utilizava uma tecnologia muito além da nossa compreensão.

Conclusão

Embora o Caso Westendorff tenha ocorrido há mais de duas décadas, ele continua a ser um dos avistamentos de OVNIs mais bem documentados e intrigantes do Brasil. Até hoje, ele desperta debates entre entusiastas da ufologia, céticos e estudiosos, todos tentando decifrar o que realmente aconteceu naquela manhã de outubro. Seja qual for a verdade, o episódio deixa uma marca indelével na história da ufologia brasileira e no próprio Westendorff, que, como muitos outros antes dele, teve sua vida transformada por um encontro que desafia a lógica e as explicações convencionais.

CASO 10
O Caso Crixás

O Caso Crixás, ocorrido em 13 de agosto de 1967, na cidade de Crixás, Goiás, é um dos incidentes mais intrigantes e sombrios da ufologia brasileira. Esse episódio destaca a possibilidade de confrontos diretos entre humanos e seres extraterrestres, ilustrando o perigo e a imprevisibilidade de tais encontros.

O Encontro na Fazenda Santa Maria

Naquele dia fatídico, Inácio de Souza, capataz da Fazenda Santa Maria, estava voltando para casa por volta das 16:00 horas. Sua esposa o aguardava do lado de fora, ambos sem ideia do que estava prestes a acontecer. A fazenda, pertencente ao Sr. Ibiracy de Moraes, um homem de influência, havia sido palco de testes militares antes, o que fez com que o casal inicialmente não desse muita importância ao objeto estranho que avistaram próximo à pista de pouso de aviões da propriedade.

O objeto, descrito por Inácio como semelhante a uma bacia invertida, estava parado no final da pista. A princípio, o casal achou que poderia se tratar de algum novo equipamento militar sendo testado. No entanto, o que chamou realmente a atenção deles foi a presença de três figuras humanoides próximas ao objeto. Inácio, ao perceber que as figuras, aparentemente crianças, estavam nuas, sentiu-se ofendido e começou a se aproximar, acreditando ser uma afronta à sua esposa.

O Confronto com os Humanoides
Quando Inácio se aproximou, ele percebeu que aquelas "crianças" eram, na verdade, seres muito estranhos. Vestidos com roupas justas de cor amarela, as figuras eram completamente calvas e possuíam uma aparência bastante incomum. Nesse momento, um dos seres apontou para Inácio e sua esposa, e os três começaram a correr em sua direção, dando início a uma sequência de eventos que culminariam de maneira trágica. Em uma reação impulsiva, movido pelo medo e pela surpresa, Inácio pegou sua espingarda e se preparou para atirar. Ele pediu à esposa que corresse para dentro da casa e se

trancasse. Com sua mira precisa, reconhecida por todos na região, Inácio disparou em um dos seres, acertando-o diretamente na cabeça a uma distância considerável. O humanoide caiu no chão, mas, imediatamente após o tiro, um raio de luz verde disparado pelo objeto atingiu o ombro esquerdo de Inácio, fazendo-o cair no chão, inconsciente.

A Resposta Alienígena Desesperada, a esposa de Inácio, que observava tudo pela janela da casa, correu em direção ao marido desacordado, pegando a espingarda e se colocando entre ele e os seres. No entanto, os alienígenas não avançaram. Eles pareciam mais preocupados em resgatar o companheiro baleado. Os três rapidamente recolheram o ser atingido e retornaram ao objeto, que começou a emitir um zumbido forte enquanto se elevava lentamente no ar, desaparecendo no céu.

As Consequências Fatais

Inácio foi levado imediatamente ao hospital, mas os efeitos do raio verde que o atingiu começaram a se manifestar de forma preocupante. Ele apresentou sintomas como náuseas, formigamento pelo corpo e tremores constantes nas mãos. Apesar do tratamento médico, a saúde de Inácio continuou a se deteriorar.
No dia 11 de outubro de 1967, 59 dias após o incidente, Inácio faleceu, aos 41 anos. Ele deixou sua esposa e cinco filhos. O laudo médico registrou a causa da morte como leucemia, mas muitos acreditam que sua condição foi diretamente relacionada ao incidente com os alienígenas. No local onde o raio o atingiu, surgiu uma mancha no ombro esquerdo, que se espalhou por todo o braço e pescoço antes de sua morte.
Antes de falecer, Inácio recomendou que sua esposa queimasse todos os seus pertences, incluindo o colchão

em que dormiam, como se soubesse que aqueles objetos estavam de alguma forma contaminados. Ela seguiu suas instruções, eliminando qualquer possível evidência física do contato com os alienígenas.

Reflexões Sobre o Confronto

O Caso Crixás levanta importantes questões sobre a natureza dos encontros entre humanos e seres extraterrestres. Embora o comportamento dos humanoides possa ter sido interpretado como hostil, é possível que sua reação tenha sido uma resposta ao ataque inicial de Inácio. O raio verde que o atingiu parece ter sido uma defesa, e não um ataque gratuito, o que nos leva a questionar a postura humana diante do desconhecido.

A reação de Inácio ao atirar nos alienígenas reflete um medo profundo e instintivo do que não conhecemos. Esse comportamento é comparável a outros episódios históricos, como o primeiro contato entre colonizadores europeus e povos indígenas, que frequentemente resultaram em violência devido à desconfiança mútua.

A Questão da Hostilidade Alienígena

Embora muitos relatos ufológicos descrevam seres extraterrestres como pacíficos ou evasivos, o Caso Crixás sugere que eles não hesitam em se defender quando atacados. A natureza dos alienígenas e seus motivos permanecem envoltos em mistério, mas casos como este indicam que o contato com humanos pode ser perigoso tanto para nós quanto para eles.

Este incidente também nos faz refletir sobre a forma como nossa espécie reage ao desconhecido. Historicamente, nossa tendência tem sido de temer e atacar o que não compreendemos. Essa xenofobia inata pode, eventualmente, prejudicar a possibilidade de um contato pacífico e construtivo com civilizações alienígenas, caso elas existam.

Em comparação a outros casos ufológicos, o incidente de Crixás se destaca pela violência e pelo trágico desfecho. Diferente de outros avistamentos, onde o contato com extraterrestres resulta em curiosidade ou confusão, aqui vemos um confronto direto que termina com a morte de um ser humano.

Conclusão

O Caso Crixás continua a ser um dos relatos mais perturbadores da ufologia brasileira. Ele não apenas revela a possibilidade de encontros hostis com seres de outros mundos, mas também levanta questões sobre como nossa própria natureza agressiva pode desencadear tragédias em situações de contato extraterrestre. Mesmo após décadas, o episódio permanece envolto em mistério, sendo uma lembrança constante de que, na vastidão do universo, o desconhecido pode ser tanto fascinante quanto mortal.

CASO 11 (Bonus)
O CASO MANTHELL

"Nem todos os casos são apenas abdução, ou avistamentos, alguns são ainda mais sombrios. Porém nesse caso bonus que envolve mortes, desaparecimento e violência não se passa em nossa terra, esse caso está além do Brasil"

O Caso Mantell é um dos mais impactantes na história da ufologia, não apenas por envolver um confronto direto entre um piloto militar e um objeto não identificado, mas também por culminar na morte trágica de um herói de guerra. O incidente ocorreu no dia 7 de janeiro de 1948, um momento em que o fenômeno dos OVNIs começava a ganhar notoriedade global, e a busca por explicações sobre esses misteriosos avistamentos estava no auge.

Tudo começou no início da tarde daquele dia, quando moradores e militares da região de Fort Knox, no estado de Kentucky, começaram a relatar um objeto voador de aparência incomum no céu. Descrito por testemunhas como um "sorvete de casquinha com a parte superior vermelha", o objeto parecia estar voando em baixa altitude e lentamente, o que despertou grande curiosidade e apreensão. A região de Fort Knox era extremamente sensível, já que abrigava o maior cofre de ouro dos Estados Unidos e era protegida por um complexo sistema de segurança, com caças constantemente em patrulha e radares de última geração monitorando o espaço aéreo. Por volta das 14:30, os radares captaram a presença de um grande objeto desconhecido sobrevoando Fort Knox, o que levou as autoridades a ordenarem uma interceptação imediata. Coincidentemente, uma esquadrilha de quatro caças P-

51 Mustang estava retornando de uma patrulha na região e recebeu a ordem para investigar o OVNI. A esquadrilha era liderada pelo capitão Thomas Mantell, um piloto altamente respeitado e condecorado por sua atuação durante a Segunda Guerra Mundial. Mantell, considerado uma lenda nas Forças Armadas, aceitou a missão com determinação.
Logo no início da perseguição, um dos aviões teve que abandonar a formação devido à falta de combustível. Minutos depois, o segundo caça também foi forçado a desistir, devido a problemas no painel de controle. Assim, restaram apenas Mantell e um terceiro piloto, que logo também se retirou da missão por falta de oxigênio. Agora sozinho, Mantell continuou a seguir o objeto misterioso, apesar de saber que suas reservas de combustível e oxigênio estavam quase esgotadas.

Por volta das 14:45, Mantell se comunicou com a base militar e informou que já podia ver o objeto a olho nu. Ele descreveu o OVNI como um grande objeto metálico em forma de cone, com dimensões que pareciam superar as de seu próprio avião. Mantell parecia determinado a chegar mais perto, mas às 15:15, sua última transmissão foi registrada: "O objeto está à frente e acima da minha posição, movendo-se na mesma velocidade ou um pouco mais rápido. Se eu não conseguir me aproximar mais, vou desistir." Após essa transmissão, o contato com Mantell foi perdido. Seu avião começou a perder altitude rapidamente, até colidir fatalmente com o solo. A notícia de sua morte chocou não só o público, mas também as Forças Armadas dos Estados Unidos, que se viram diante de um enigma difícil de explicar. Como um dos melhores pilotos da nação poderia ter encontrado seu fim enquanto perseguia algo que muitos acreditavam ser um OVNI?

A versão oficial das Forças Aéreas dos Estados Unidos (USAF) foi inicialmente controversa. Eles afirmaram que Mantell havia confundido o planeta Vênus com um objeto voador e, ao tentar se aproximar, desmaiou por falta de oxigênio, o que levou à queda de seu avião. No entanto, essa explicação foi rapidamente rejeitada por especialistas e ufólogos. A ideia de que um piloto experiente como Mantell confundisse um planeta com um OVNI não fazia sentido, especialmente porque o objeto havia sido detectado pelos radares.

Para conter os boatos e acalmar a crescente especulação pública, a USAF designou o Projeto Blue Book para investigar o caso. O capitão Edward Ruppelt, chefe do projeto, concluiu que Mantell havia perseguido um balão meteorológico lançado pelo

Projeto Skyhook, um programa secreto que utilizava grandes balões para coletar dados sobre a atmosfera superior. Esses balões, quando em alta altitude, assumiam uma forma esférica com cerca de 30 metros de diâmetro, o que poderia explicar a descrição do objeto feita por Mantell.

No entanto, essa explicação oficial também foi recebida com ceticismo. Muitos ufólogos, incluindo alguns dos mais renomados da época, acreditavam que o governo estava escondendo a verdade. Jacques Vallée, um dos mais influentes pesquisadores da ufologia, chegou a considerar a explicação plausível, mas muitos outros discordaram, apontando inconsistências nos relatos e nas evidências.

Outros detalhes ainda aumentam o mistério em torno do caso. O avião de Mantell, após a queda, apresentou danos incomuns, como a fuselagem retorcida de maneira estranha, o que levantou suspeitas de que algo além de uma simples queda havia ocorrido. Além disso, testemunhas afirmaram que o objeto que Mantell perseguia emitia um brilho peculiar e se movia de maneira que desafiava as capacidades tecnológicas da época, sugerindo uma origem desconhecida.

O Caso Mantell continua sendo um dos mais discutidos e controversos da ufologia. Ele simboliza o choque entre a curiosidade humana e o desconhecido, além de destacar o quanto ainda há para se descobrir sobre os céus acima de nós. Embora as explicações oficiais tentem encerrar o caso, o mistério persiste, mantendo o nome do capitão Thomas Mantell vivo na história como um dos primeiros mártires da busca pela verdade sobre os OVNIs.

Análise dos Casos de Contato com UFOs

A conclusão do **Caso Baependi** apresenta uma análise abrangente dos eventos que cercaram o encontro de Arlindo Gabriel dos Santos com seres extraterrestres em 1971. O texto destaca a riqueza de detalhes fornecidos pelo relato de Arlindo, como as descrições dos objetos avistados, o comportamento dos alienígenas e os efeitos físicos sentidos por ele. Apesar de toda a investigação e coleta de evidências, como as marcas no solo e as inscrições misteriosas no embornal, a conclusão permanece inconclusiva. O caso continua a intrigar pesquisadores e ufólogos devido à ausência de respostas definitivas para as perguntas levantadas: qual o significado da "surca", o propósito das inscrições e os detalhes do tempo em que Arlindo esteve inconsciente. A narrativa sublinha que, embora existam elementos que suportem o relato, como as reações físicas e o comportamento peculiar dos alienígenas, a falta de uma tradução precisa das mensagens inscritas e a impossibilidade de verificar certos aspectos limitam uma resolução conclusiva. Dessa forma, o Caso Baependi se mantém como um dos mais enigmáticos na ufologia brasileira, desafiando tanto explicações racionais quanto a compreensão científica.

O **Caso Westendorff** é um dos avistamentos ufológicos mais fascinantes do Brasil, caracterizado pela seriedade com que foi tratado, a credibilidade das testemunhas e a riqueza de detalhes fornecidos. A experiência do piloto Haroldo Westendorff e o envolvimento de várias testemunhas conferem legitimidade ao relato, enquanto a ausência de explicações convencionais sobre o fenômeno mantém o mistério do evento. Embora as investigações oficiais não tenham sido divulgadas, o caso continua a levantar questões sobre a possibilidade de contato extraterrestre e tecnologias além da compreensão humana, permanecendo um enigma na ufologia brasileira.

O **Caso Crixás** apresenta uma perspectiva sombria sobre os encontros entre humanos e seres extraterrestres, destacando a possibilidade de confrontos diretos e trágicos. A reação de Inácio ao atirar nos alienígenas reflete o medo instintivo diante do desconhecido, levando a um desfecho fatal tanto para ele quanto para os envolvidos. Embora os alienígenas tenham aparentemente agido em defesa, o caso sugere que esses encontros podem ser perigosos, desafiando a imagem de extraterrestres pacíficos frequentemente retratada em outros relatos ufológicos. O incidente permanece um dos mais intrigantes e perturbadores da ufologia brasileira, levantando questões sobre a agressividade humana e a imprevisibilidade do contato com seres de outros mundos.

O **Caso Mantell** permanece um dos episódios mais impactantes e enigmáticos da ufologia, marcado pela morte de um herói de guerra durante a perseguição a um objeto desconhecido. Apesar das explicações oficiais, como a confusão com o planeta Vênus ou a hipótese de um balão meteorológico, a controvérsia e o ceticismo persistem. As circunstâncias estranhas em torno da queda, como os danos incomuns à fuselagem e os relatos de um objeto que desafiava as capacidades tecnológicas da época, levantam questões sobre a verdadeira natureza do incidente. Esse caso reflete o conflito entre a curiosidade humana e o mistério do desconhecido, deixando em aberto a possibilidade de que os céus escondam fenômenos além da nossa compreensão. A morte de Mantell se tornou um símbolo do preço pago na busca por respostas sobre os OVNIs, e seu legado continua a inspirar debates e investigações até hoje.

(Fotos Baependi)

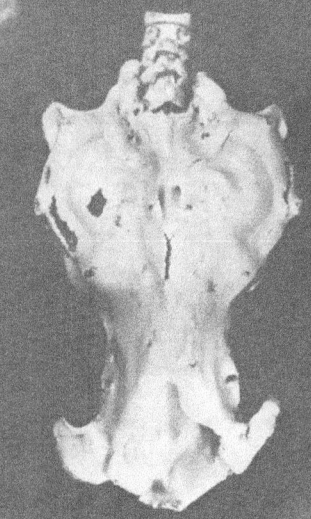

ESBOÇOS FEITOS PELA TESTEMUNHA.

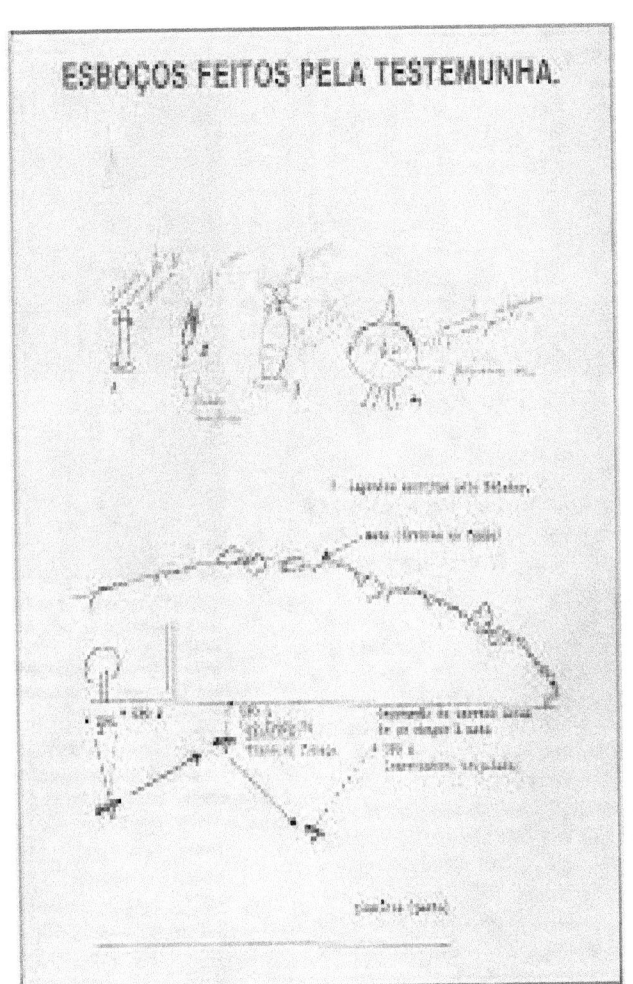

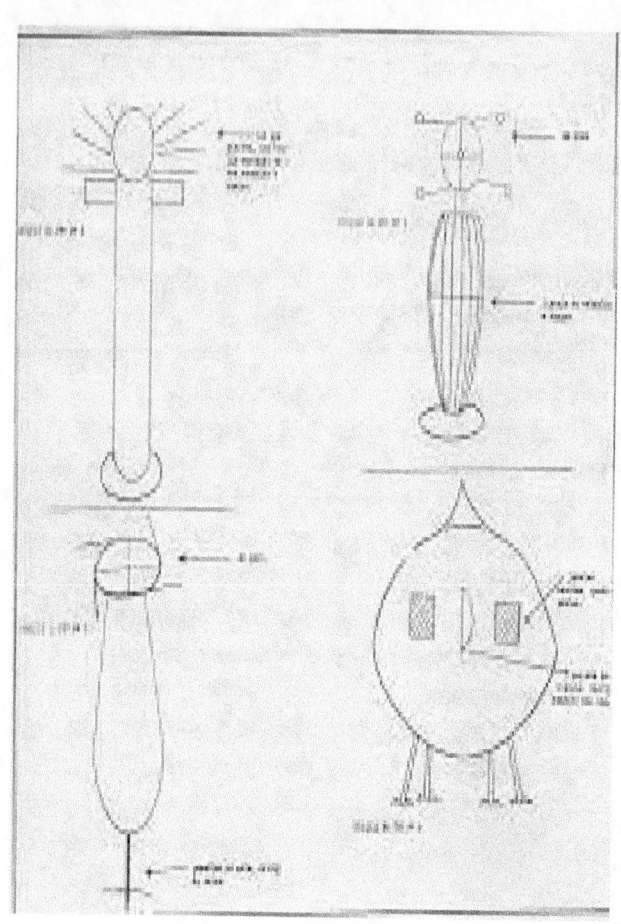

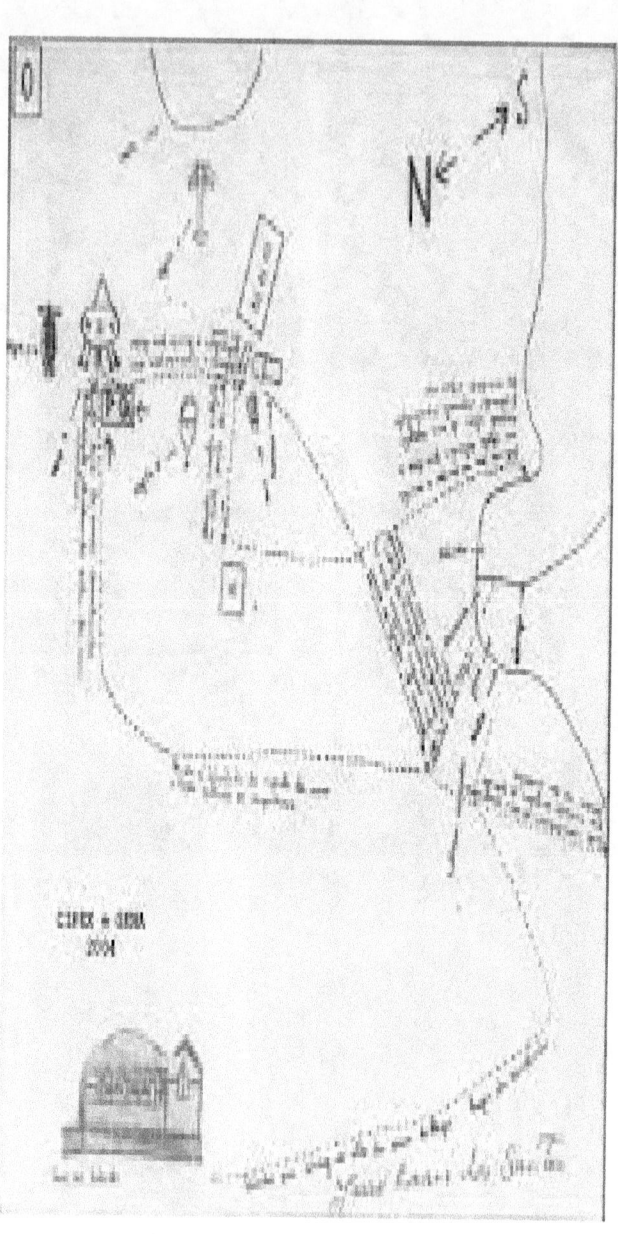

(Fotos de Crixas)

(Fotos mendel)l

LT. B. A. HAMMOND
"Woozy" at 22,000 feet

LT. A. W. CLEMENTS
Only he had oxygen.

Chase for Flying Disk Blamed In Crash Death

Mantell Going Straight Into Sun, Buddies In Air Guard Say; Believe He Blacked Out

Capt. Thomas F. Mantell, Jr., 25, was "climbing into the sun" after what he thought was a flying disk shortly before he was killed in a plane crash near Franklin, Ky., Wednesday.

"I'm closing in now to take a good look."

Capt. Thomas Mantell is told the Distinguished Flying Cross for heroism in the air.

He Was Killed Chasing a 'Saucer'

This is an artist's conception of Mantell's P-51 Mustang fighter and the flaming UFO that almost hung out of the clouds.

CAPT. THOMAS MANTELL, in his time, stationed as a sort of expert on flying saucer business. He was killed after he closed in on a UFO in his old Mustang plane over the Fort Knox Army Base out in January 1948.

Mantell, 25, was an expert pilot. He had won the Distinguished Flying Cross, awarded for a mission over the Netherlands in which enemy fire cut up his plane and as he had serious wounds. He crash-landed the mission and got his crew and plane to safety.

Early in the afternoon of Jan. 7, 1948, Mantell was in command of a group of P-51 fighters, along the way from Marietta AFB, Ga., to Standiford Field near Louisville, Ky.

SCORES OF PERSONS, as the group is the area of Madisonville, Ky., had reported seeing a circular object hovering overhead and gliding off a brilliant red glow. State police called Godman Field, so to base at Fort Knox. Fifteen minutes later the UFO was spotted by the Godman Field tower. Mantell was contacted by radio and asked for a reconnaissance. Flying with Mantell were Lt. Albert Clements, Lt. Robert Hammond and Lt. B.A. Hammond. A short time later, Mantell reported he had spotted the UFO and that he and his planes were in pursuit.

Clements, Hammond and Clements gave up the Mantell trail as his reported at the point that the object seemed to "rise," then picked up a burst of speed, always out-

The Air Force believes a birdlike balloon may have sent the UFO and caused our pilot to death.

distancing his plane. After that at short of pursuit, Mantell's voice cut in again: "It's directly ahead of me and moving at about half my speed. I'm closing in now to take a good look. The thing looks metallic and is tremendous in size."

That was at 3:15 p.m. It was the last transmission from Mantell. Less than an hour later searchers found his crashed plane. He watch had stopped at 3:18 p.m.

MANTELL'S DEATH brought on cloud speculation. But were there other quickly established. There were no bullet wounds. The plane had not burned and was not radioactive. No killing had been off.

In that place, the United States Army was conducting a secret balloon project in which a special balloon, containing a radar attachment, above the atmosphere high above the earth.

The Air Force went to believe that Mantell saw a Skyhook balloon. In its report on the investigation of the incident, the Air Force concludes that Mantell lost consciousness for want of lack of oxygen at an altitude of between 20,000 and 30,000 feet.

Air Force investigators believe the altitude obtained in climb by a fast, then sent into a sharp diving which is probably disintegrated. Mantell when impact consciousness.

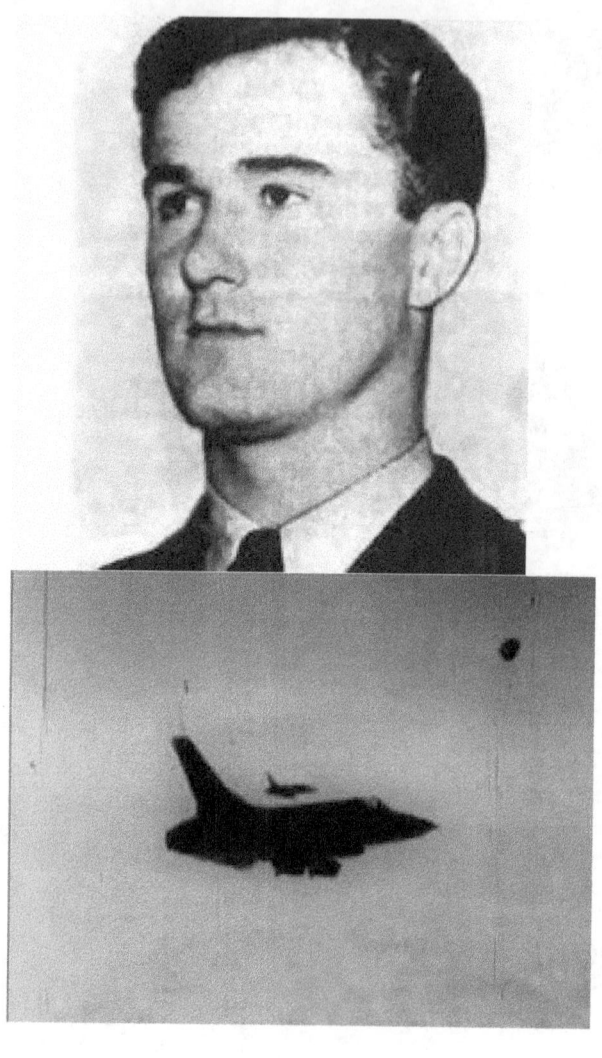

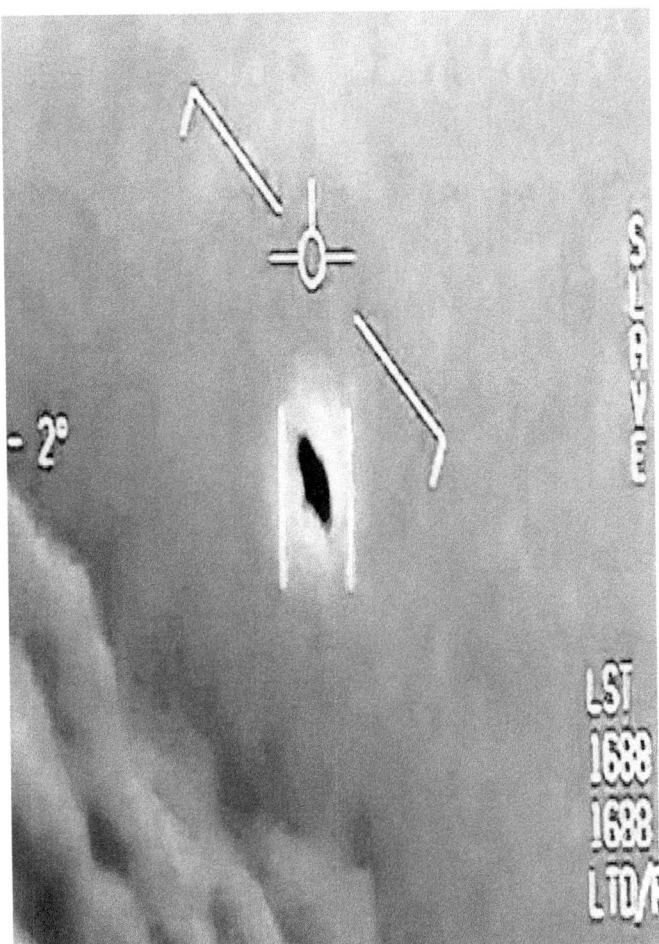

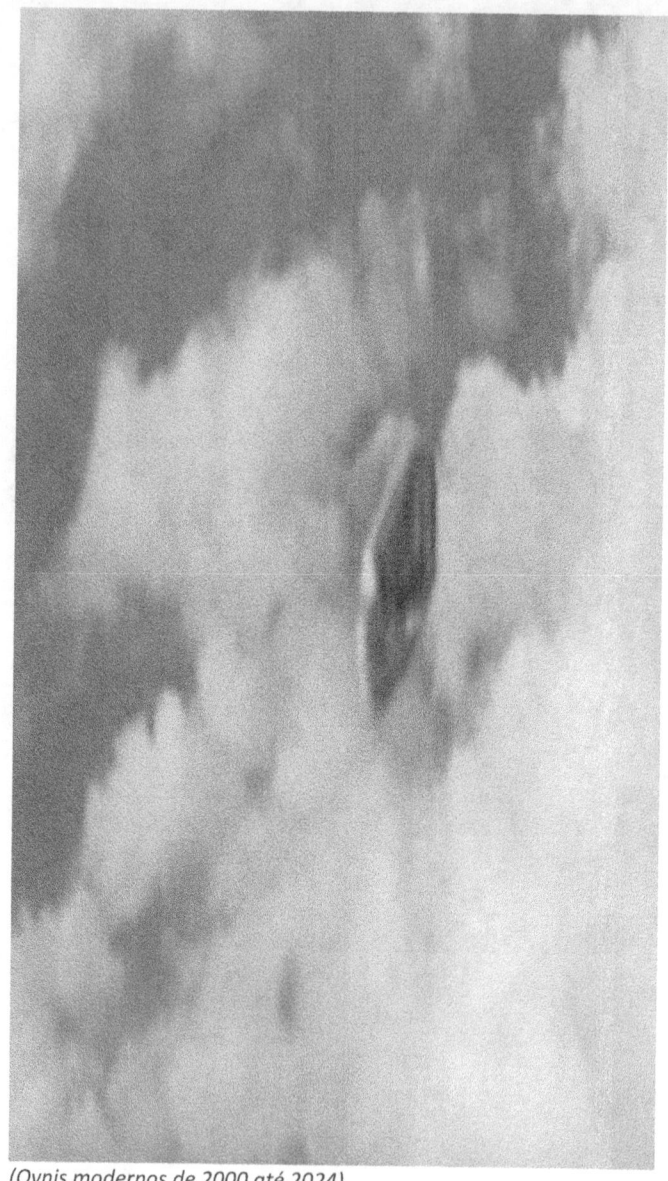

(Ovnis modernos de 2000 até 2024)

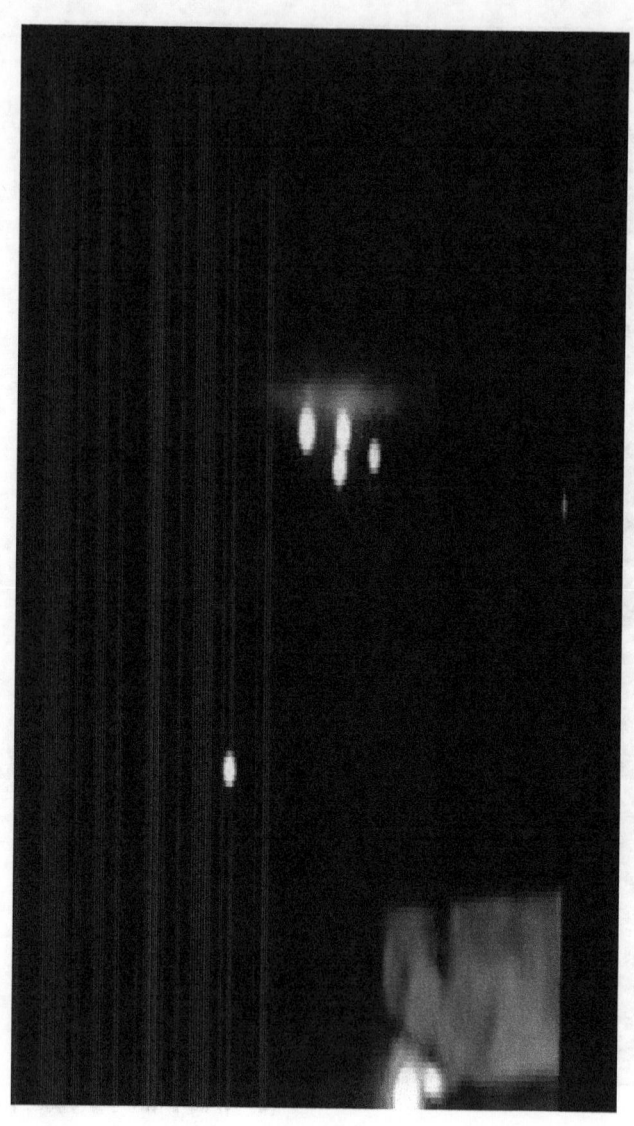

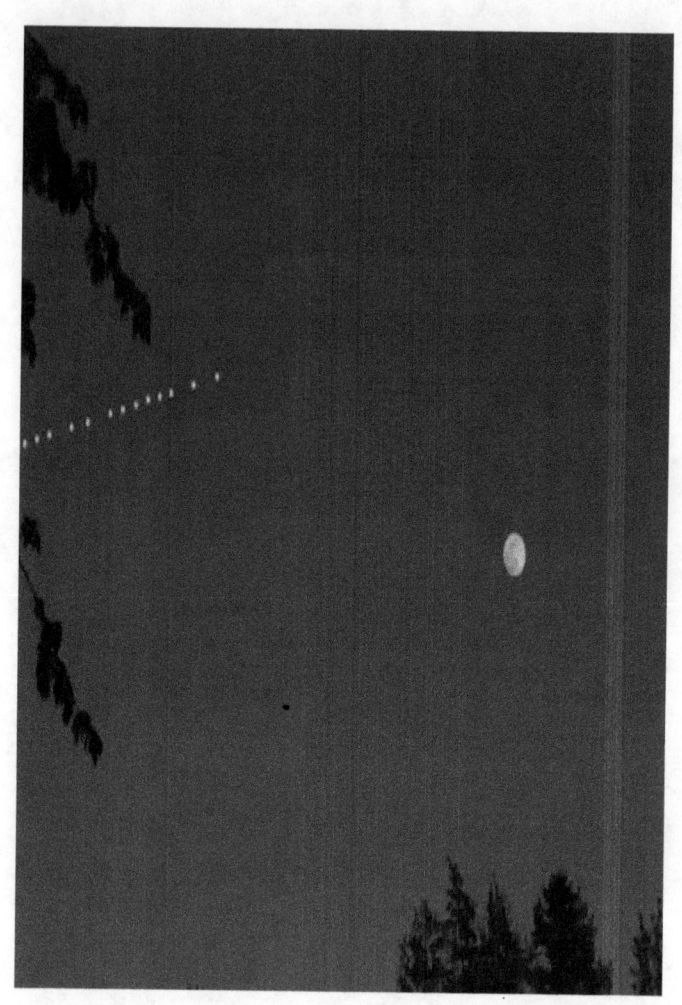

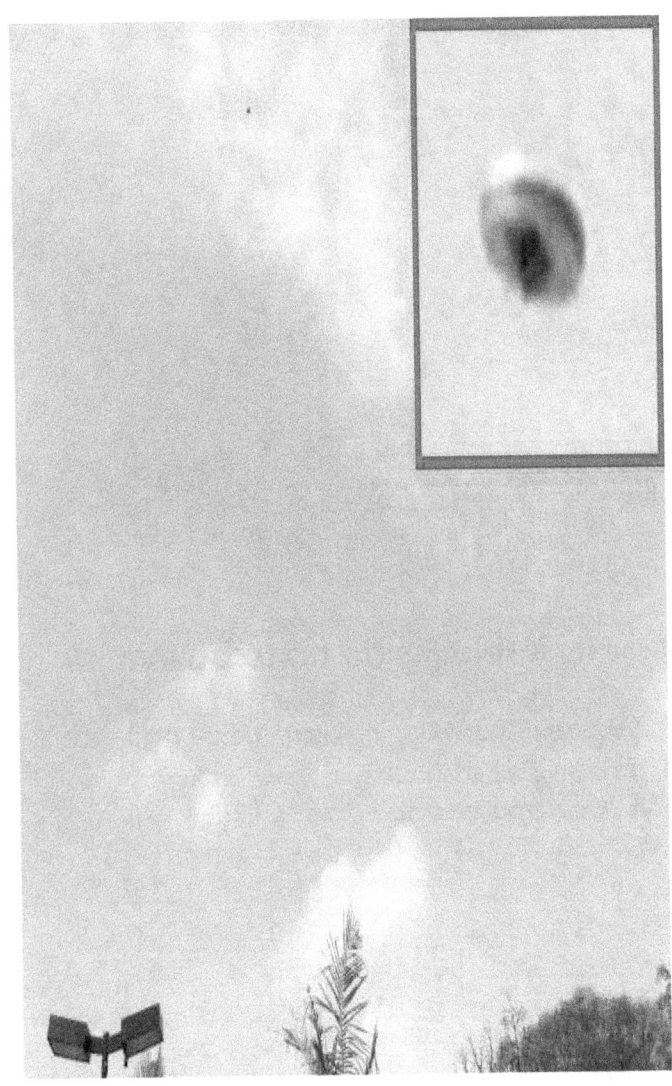

(Foto da primeia edição dos volumes desses livros - As evidencias são muitas, os sinais estão sempre ai, mas alguns temem adimitir)

Referencias do texto do livro:

Livros Gerais sobre Ufologia e Casos Notáveis
"A Conspiração dos OVNIs: O Arquivo Secreto dos Contatos Alienígenas" - Richard Dolan
Examina vários casos ufológicos importantes, incluindo detalhes sobre a Operação Prato e outros eventos significativos.

"O Livro das Revelações UFO: Casos e Enigmas" - Stanton Friedman e Kathleen Marden

Oferece uma visão geral de vários casos de OVNIs, com foco em eventos relevantes e suas implicações.

"Encontros Imediatos: A História dos Contatos com Extraterrestres" - Jacques Vallée
Um estudo abrangente sobre encontros com extraterrestres, abordando vários casos e fenômenos ufológicos.

"O Mistério dos OVNIs: Arquivos Desclassificados e Testemunhos" - David Clarke
Explora documentos desclassificados e testemunhos sobre eventos ufológicos, incluindo análise crítica dos casos.

"Além das fontes tradicionais, também foram consultados o blog Mundo Gump, conhecido por suas análises sobre fenômenos inexplicáveis, e Mauro Antônio Petit, que oferece uma

abordagem detalhada sobre vários casos ufológicos.
CBPU: Centro Brasileiro de Pesquisas Ufológicas, dedicado ao estudo e documentação de fenômenos ufológicos no Brasil.
INFA: Instituto Nacional de Pesquisas Aeronáuticas, que realiza pesquisas relacionadas a avistamentos e investigações sobre OVNIs.

Revista IstoÉ: Publicação brasileira que frequentemente cobre tópicos sobre ufologia e eventos relacionados a fenômenos misteriosos.
Saindo da Matrix: Blog que explora teorias e casos ufológicos, trazendo uma perspectiva crítica e detalhada.
Matérias da Rede Globo: Cobertura de notícias e reportagens sobre eventos ufológicos veiculados pela principal rede de televisão brasileira.
Projeto Sonda: Projeto de pesquisa sobre fenômenos

inexplicáveis, com foco em investigações ufológicas e contatos extraterrestres.
Angelfire: Plataforma de hospedagem de sites que contém informações e documentos relacionados a fenômenos ufológicos.
Ufo Net: Rede dedicada à divulgação de informações e pesquisas sobre OVNIs e outras anomalias aéreas.
O autor se ausenta de qualquer responsabilidade sobre fatos

www.ingramcontent.com/pod-product-compliance
Lightning Source LLC
Chambersburg PA
CBHW070122230526
45472CB00004B/1376